AF335849

CATALOGUE

DE

COQUILLES MARINES

RECUEILLIES SUR LA

CÔTE DE GRANVILLE

PAR LE Dr G. SERVAIN.

Le catalogue que nous présentons est loin d'offrir une liste complète des coquilles qui vivent sur la plage et parmi les rochers de Granville. Notre séjour dans cette charmante petite ville fut si court, nos explorations furent si peu nombreuses, qu'un grand nombre d'espèces nous a certainement échappé, et nous ne doutons pas qu'en y séjournant plus longtemps on ne puisse recueillir une quantité beaucoup plus considérable d'espèces.

Quoi qu'il en soit, il nous a paru utile, au point de vue de la géographie malacologique, de donner cette liste, quelque incomplète qu'elle puisse paraître.

Nous avons exploré toute cette partie de la plage qui avoisine les bains, partie sablonneuse au milieu de laquelle s'élèvent çà et là des rochers dont la hauteur atteint parfois 15 ou 20 pieds.

Avant de commencer ce catalogue, nous devons dire que plusieurs travaux ont déjà été publiés sur les coquilles qui habitent cette partie de nos côtes. En 1825, M. de Gerville publia un catalogue des Mollusques du département de la Manche ; en 1860, parut la liste de M. Macé ; enfin, M. Guidelou, auteur d'une notice sur Granville, a donné, à la fin de son ouvrage, une liste d'espèces recueillies près de cette ville (1858).

MOLLUSCA ACEPHALA.

CONCHIFERA.

PHOLADIDÆ.

PHOLAS.

PHOLAS DACTYLUS.

Pholas dactylus, *Linnæus*. Syst. nat. (éd. X), p. 669. 1758.

Pholas dactylus, *de Gerville*, Cat. coq. Manche, p. 177. 1825.

Pholas dactylus, *Guidelou*, Coq. Granville, p. 135. 1858.

Pholas dactylus, *Macé*, Coq. Cherbourg, p. 18. 1860.

Habite dans les bancs d'argile, dans les bois submergés, peu commun.

PHOLAS CANDIDA.

Pholas candidus, *Linnæus*, Syst. nat. (éd. X), p. 669. 1758.

Pholas candida, *de Gerville*, Cat. coq. Manche, p. 178. 1825.

Pholas candida, *Guidelou*. Coq. Granville, p. **136**.
    1858.
Pholas candida, *Macé*. Coq. Cherbourg, p. **18. 1860**.

Avec la précédente.

Il est probable que d'autres recherches feront découvrir en cette localité les *Pholas parva* et *crispata*, indiqués sur quelques points du littoral de la Manche.

SOLENIDÆ.

SOLEN.

SOLEN ENSIS.

Solen ensis, *Linnæus*, Syst. nat. (éd. X), p. **672**.
    1758.
Solen ensis, *de Gerville*, Cat. coq. Manche, p. **181**.
    1825.
Solen ensis, *Guidelou*. Coq. Granville, p. **136. 1858**.

Habite dans le sable plus ou moins vaseux.

SOLEN VAGINA.

Solen vagina, *Linnæus*, Syst. nat. (éd. X), p. **672**.
    1758.
Solen vagina, *Guidelou*. Cat. coq. Granville, p. **136**.
    1858.

Avec le précédent.

Nous n'avons pas rencontré de *Saxicava rugosa*, Lamarck, indiqué par Guidelou sous le nom de Mytilus rugosus (1).

(1) Mytilus rugosus, Pennant.

CORBULIDÆ.

CORBULA.

CORBULA GIBBA.

Tellina gibba, *Olivi*, Zool. Ad., p. 101. 1792.
Mya inæquivalvis, *de Gerville*, Cat. coq. Manche, p. 179.
    1825.
Corbula gibba, *Jeffreys*, Brit. conch., III, p. 56, pl. ii,
    fig. 5. 1865.

Vit dans le sable et dans la vase à une faible profondeur.

Cette espèce est généralement connue sous le nom de
Corbula nucleus, qui lui a été imposé par Lamarck en
1818.

PANDORIDÆ.

PANDORA.

PANDORA INÆQUIVALVIS.

Solen inæquivalvis, *Linnæus*, Syst. nat. (éd. X),p. 673.
    1758.
Tellina inæquivalvis, *de Gerville*, Cat. coq. Manche,
    p. 165. 1825.
Tellina inæquivalvis, *Guidelou*, Cat. coq. Granville,
    p. 137. 1858.
Pandora inæquivalvis, *Macé*, Cat. Moll. Cherbourg,
    p. 21. 1860.
Pandora inæquivalvis, *Jeffreys*, Brit. conch., III, p. 24,
    pl. i, fig. 4. 1865.

Vit dans toutes les parties sablonneuses de la côte à
une assez faible profondeur.

OSTEOMIDÆ.

THRACIA.

THRACIA PAPYRACEA.

Tellina papyracea, *Poli*, Test. utr. Sicil., I, p. 43, tab. xv,
       p. 14-18. 1791.
Thracia papyracea, *Jeffreys*, Brit. conch., III, p. 36,
       pl. ii, fig. 2. 1865.

Espèce rare, dont les valves sont parfois rejetées sur
la côte. Elle vit dans le sable à une assez faible profondeur.

MACTRIDÆ.

MACTRA.

MACTRA SOLIDA.

Cardium solidum, *Linnæus*, Syst. nat. (éd. X), p. 681.
       1758.
Mactra solida, *Gmelin*, Syst. nat., p. 3259. 1789.
Mactra solida, *de Gerville*, Cat. coq. Manche, p. 189.
       1825.
Mactra solida, *Guidelou*, Coq. Granville, p. 138. 1858.

Espèce commune, vit dans le sable.

MACTRA ELLIPTICA.

Mactra elliptica, *Brown*, Conch. Brit., I, p. 108, pl. xli,
       fig. 6. 1827.

Avec la précédente.

MACTRA SUBTRUNCATA.

Trigonella subtruncata, *da Costa*, Brit. conch., p. 198.
1778.
Mactra subtruncata, *Montagu*, Test. Brit., p. 40. 1803.
Mactra subtruncata, *de Gerville*, Cat. coq. Manche, p. 189.
1825.
Mactra subtruncata, *Guidelou*, Cat. coq. Granville, p. 138.
1858.

Avec les précédentes.

MACTRA STULTORUM.

Cardium stultorum, *Linnæus*, Syst. nat. (éd. X), p. 681.
1758.
Mactra stultorum, *Gmelin*, Syst. nat., p. 3258. 1788.
Mactra stultorum, *Guidelou*, Cat. coq. Granville, p. 138.
1858.

Espèce très-commune; vit dans le sable à une très-faible profondeur.

MACTRA GLAUCA.

Mactra glauca, *Born*, Test. Mus. Vind. Tieb, III, p. 11-12.
1780.
Mactra glauca, *Guidelou*, Cat. coq. Granville, p. 138.
1858.

Vit avec les précédentes; espèce assez rare. Elle porte souvent, dans les collections, le nom de Mactra helvacea.

LUTRARIA.

LUTRARIA ELLIPTICA.

Mya lutraria, *Linnæus*, Syst. nat. (éd. X), p. 670. 1758.
Lutraria elliptica, *Lamarck*, An. s. vert., V, p. 468.
1818.
Mactra lutraria, *de Gerville*, Cat. coq. Manche, p. 189.
1825.
Mactra lutraria, *Guidelou*, Cat. coq. Granville, p. 138.
1858.

Cette espèce, rare aux environs de Granville, est dans le sable à une certaine profondeur.

LUTRARIA OBLONGA.

Mya oblonga, *Chemnitz*, Conch. cab., VI, p. 27, tab. II, fig. 12. 1782.
Lutraria oblonga, *Forbes* and *Hanley*, Brit. Moll., I, p. 374, pl. XIII, fig. 1. 1853.

Cette espèce, aussi rare que la précédente, vit dans les mêmes conditions.

AMPHIDESMIDÆ.

SYNDOSMIA.

SYNDOSMIA ALBA.

Mactra alba, *Wood*, in Linn. Trans., VI, p. 163, tab. XVI, fig. 9-12. 1800.
Mactra Boysii, *de Gerville*, Cat. coq. Manche, p. 189.
1825.

Syndosmia alba, *Recluz*, in Revue zool., p. 362. 1843.

Vit dans le sable à une faible profondeur.

SCROBICULARIA.

SCROBICULARIA PIPERATA.

Mactra piperata, *Gmelin*, Syst. nat., p. 3260. 1789.
Scrobicularia piperata, *Forbes* and *Hanley*, Brit. Moll., I,
p. 326, pl. xv, fig. 5. 1853.

Vit dans le sable et dans la vase ; espèce abondante.

TELLINIDÆ.

TELLINA.

TELLINA CRASSA.

Tellina crassa, *Gmelin*, Syst. nat., p. 3288. 1789.
Tellina crassa, *de Gerville*, Cat. coq. Manche, p. 184.
1825.
Tellina crassa, *Guidelou*, Coq. Granville, p. 137. 1858.

Assez commune, vit dans le sable.

TELLINA TENUIS.

Tellina tenuis, *Da Costa*, Brit. conch., p. 210. 1778.
Tellina tenuis, *de Gerville*, Cat. coq. Manche, p. 182.
1825.
Tellina tenuis, *Guidelou*, Coq. Granville, p. 137.
1858.

Vit dans le sable ; assez abondante.

TELLINA FABULA.

Tellina fabula, *Gronovius*, Zoophyt., III, p. 268, tab. XVIII,
fig. 9. 1781.

Espèce assez abondante.

Il est probable que de nouvelles recherches feront
découvrir dans nos environs les *Tellina donacina, soli-
dula, depressa* et la *Psammobia vespertina*, espèces
mentionnées par Guidelou, mais que nous n'avons pas
rencontrées.

DONACIDÆ

DONAX.

DONAX POLITUS.

Tellina polita, *Poli*, Test. utr. Sicil., I, p. 44, t. XXI,
fig. 14-15. 1791.
Donax politus, *Forbes* and *Hanley*, Brit. Moll., I, pl. XXI,
fig. 7. 1853.

Vit dans le sable. Cette espèce a été mentionnée par
Guidelou sous le nom de *Donax complanata*, appella-
tion qui lui a été attribuée, en 1803, par Montagu.

VENERIDÆ.

TAPES.

TAPES DECUSSATUS.

Venus decussata, *Linnæus*, Syst. nat. (éd. X), p. 690.
1758.
Venus decussata, *Guidelou*, Coq. Granville, p. 139.
1858.

Tapes decussatus, *Jeffreys*, Brit. conch., II, p. 359.
1863.

Très-abondante sur toutes les grèves.

TAPES PULLASTRA.

Venus pullastra, *Montagu*, Test. Brit., p. 125. 1803.
Tapes pullastra, *Forbes* and *Hanley*, Brit. Moll., I,
p. 182, pl. xxv, fig. 2-3. 1853.
Venus pullastra, *Guidelou*, Coq. Granville, p. 139.
1858.

Espèce commune; vit avec la précédente.

TAPES VIRGINEUS.

Venus virginea, *Gmelin*, Syst. nat., p. 3249. 1788.
Venus virginea, *Guidelou*, Coq. Granville, p. 139.
1858.
Tapes virgineus, *Jeffreys*, Brit. conch., II, p. 352, pl. vi,
fig. 6. 1863.

Commune dans le sable à une faible profondeur.

VENUS.

VENUS VERRUCOSA.

Venus verrucosa, *Linnæus*, Syst. nat. (éd. X), p. 68.
1758.
Venus verrucosa, *Guidelou*, Coq. Granville, p. 138.
1858.

Assez commune; avec les précédentes.

VENUS OVATA.

Venus ovata, *Pennant*, Brit. zool., IV, p. 97, pl. LVI,
fig. 56. 1767.
Venus ovata, *Guidelou*, Coq. Granville, p. 139. 1858.

Avec les précédentes.

DOSINIA.

DOSINIA EXOLETA.

Venus exoleta, *Linnæus*, Syst. nat. (éd. X), p. 688.
1758.
Dosinia exoleta, *Deshayes*, Traité élém. conch., I, p. 619,
tab. xx, fig. 9-11. 1849.

Un peu partout, sans être cependant abondante.

CARDIIDÆ.

CYPRINA.

CYPRINA ISLANDICA.

Venus islandica, *Gmelin*, Syst. nat., p. 3271. 1789.
Cyprina islandica, *Lamarck*, An. s. v., V, p. 557.
1818.

Espèce fort rare.

CARDIUM.

CARDIUM TUBERCULATUM.

Cardium tuberculatum, *Linnæus*, Syst. nat. (éd. X),
p. 679. 1758.

Assez commun; vit au large à une assez grande profondeur.

CARDIUM EDULE.

Cardium edule, *Linnæus*, Syst. nat. (éd. X), p. 681.
  1758.
Cardium edule, *Guidelou*, Cat. coq. Granville, p. 137.
  1825.

Espèce des plus abondantes sur toutes nos plages.

CARDIUM NODOSUM.

Cardium nodosum, *Turton*, Conch. dith., p. 186,
  pl. xiii, fig. 8. 1819.

Dans le sable à une faible profondeur.

CARDIUM NORVEGICUM.

Cardium Norvegicum, *Spengler*, Skrift. naturh. selsk., I,
  p. 42.

Fort rare. Au large à une assez grande profondeur.

LUCINIDÆ.

LUCINA.

LUCINA BOREALIS.

Venus borealis, *Gmelin*, Syst. nat., p. 3285. 1788.
Lucina borealis, *Forbes* and *Hanley*, Brit. Moll., II,
  p. 46, pl. xxxv, fig. 5. 1853.

Vit dans le sable; espèce rare.

AXINUS.

AXINUS FLEXUOSUS.

Tellina flexuosa, *Montagu*. Test. Brit., p. 72. 1803.
Axinus flexuosus, *Jeffreys*. Brit. conch., II, p. 247.
    1863.

Espèce, fort rare, vivant à d'assez grandes profondeurs.

NUCULIDÆ.

NUCULA.

NUCULA NUCLEUS.

Arca nucleus, *Linnæus*. Syst. nat. (éd. X), p. 695.
    1758.
Arca nucleus, *Guidelou*, Coq. Granville, p. 140, 1858.
Nucula nucleus, *Forbes* and *Hanley*, Brit. Moll., II,
    p. 215, pl. XLVII, fig. 7–8. 1853.

Sur les plages sablonneuses; peu commune.

NUCULA RADIATA.

Nucula radiata, *Forbes* and *Hanley*, Brit. Moll., II,
    p. 220, pl. XLVII, fig. 4–5. 1853.

Avec la précédente.

NUCULA NITIDA.

Nucula nitida, *Sowerby*, Conch. Ill., p. 5, fig. 20.
    1852.

Avec les précédentes.

NUCULA TENUIS.

Arca tenuis, *Montagu*, Test. Brit. Suppl., p. 56, tab. xxix,
fig. 1. 1807.
Nucula tenuis, *Forbes* and *Hanley*, Brit. Moll., II,
p. 223, pl. xlvi, fig. 6. 1853.

Avec les précédentes.

ARCIDÆ.

PECTUNCULUS.

PECTUNCULUS GLYCYMERIS.

Arca glycymeris, *Linnæus*, Syst. nat. (éd. X), p. 695.
1758.
Pectunculus glycymeris, *Lamarck*, An. s. vert., VI, i,
p. 47. 1817.
Arca pilosa, *Guidelou*, Coq. Granville, p. 140. 1858.

Vit à une assez grande distance des côtes; peu commune.

MYTILIDÆ.

MODIOLA.

MODIOLA MODIOLUS.

Mytilus modiolus, *Linnæus*, Syst. nat. (éd. X), p. 706.
1758.
Modiola modiolus, *Forbes* and *Hanley*, Brit. Moll., II,
p. 182, pl. xliv, fig. 1-2. 1853.

Mytilus modiolus, *Guidelou*, Coq. Granville, p. 140.
1858.

Dans les rochers ; assez rare.

MODIOLA ADRIATICA.

Modiola Adriatica, *Lamarck*, An. s. vert., VI, p. 112.
1819.

Avec la précédente.

MYTILUS.

MYTILUS EDULIS.

Mytilus edulis, *Linnæus*, Syst. nat. (éd. X), p. 705.
1758.

Espèce commune.

PECTINIDÆ.

PECTEN.

PECTEN MAXIMUS.

Ostrea maxima, *Linnæus*, Syst. nat. (éd. X), p. 696.
1758.
Pecten maximus, *Pennant*, Brit. zool. (éd. IV), vol. IV,
p. 99, pl. LIX, fig. 61. 1767.

Sur les plages à une certaine distance des côtes.

PECTEN OPERCULARIS.

Ostrea opercularis, *Linnæus*, Syst. nat. (éd. X), p. 698.
1758.

Pecten opercularis, *Chemnitz*, Conch. cab., VII, p. 341,
pl. LXVII, fig. 646. 1784.

Tout le littoral.

PECTEN VARIUS.

Ostrea varia, *Linnæus*, Syst. nat. (éd. X), p. 698.
1758.
Pecten varius, *Chemnitz*, Conch. cab., VII, p. 331,
pl. LXVI, fig. 633-634. 1784.

Avec le précédent.

OSTREIDÆ.

OSTREA.

OSTREA EDULIS.

Ostrea edulis, *Linnæus*, Syst. nat. (éd. X), p. 699.
1758.
Ostrea edulis, *Guidelou*, Coq. Granville, p. 140. 1858.

Çà et là sur la côte.

ANOMIIDÆ.

ANOMIA.

ANOMIA EPHIPPIUM.

Anomia ephippium, *Linnæus*, Syst. nat. (éd. X),
p. 701. 1758.
Anomia ephippium, *Guidelou*, Coq. Granville, p. 140.
1858.

Sur les huitres; commune dans les parcs.

SOLENOCONCHIA.

DENTALIDÆ.

DENTALIUM.

DENTALIUM ENTALIS.

Dentalium entalis, *Linnæus*, Syst. nat. (éd. X), fig. 785.
1758.

Vit dans le sable.

DENTALIUM TARENTINUM.

Dentalium Tarentinum, *Lamarck*, An. s. vert., V,
p. 345. 1818.

Avec le précédent.

MOLLUSCA GASTEROPODA.

CHITONIDÆ.

CHITON.

CHITON FASCICULARIS.

Chiton fascicularis, *Gmelin*, Syst. nat., p. 3202. 1789.

Sur les rochers.

CHITON CINEREUS.

Chiton cinereus, *Gmelin*, Syst. nat., p. 3204. 1789.

Avec le précédent.

2

CHITON MARGINATUS.

Chiton marginatus, *Pennant*, Brit. zool., IV, p. 71,
pl. XXXVI, fig. 2. 1767.

Avec les précédents.

PATELLIDÆ.

PATELLA.

PATELLA VULGATA.

Patella vulgata, *Linnæus*, Syst. nat. (éd. X), p. 782.
1758.

Sur tous les rochers.

TECTURA.

TECTURA FULVA.

Patella fulva, *Müller*, Prodr. zool. dan., p. 237. 1776.
Tectura fulva, *Jeffreys*, Brit. conch., III, p. 250,
1865.

Sur les fucus.

FISSURELLIDÆ.

FISSURELLA.

FISSURELLA GRÆCA.

Patella græca, *Linnæus*, Syst. nat. (éd. X), p. 784.
1758.

Fissurella græca, *Lamarck*, An. s. vert., VI (2ᵉ partie),
p. 11. 1822.

Sur les rochers.

CALYPTRÆIDÆ.

CALYPTRÆA.

CALYPTRÆA CHINENSIS.

Patella chinensis, *Linnæus*, Syst. nat. (éd. X), p. 781.
1758.
Calyptræa chinensis, *Jeffreys*, Brit. conch., III, p. 273.
1865.

Avec les précédentes.

TURRITELLIDÆ.

TURRITELLA.

TURRITELLA TEREBRA.

Turbo terebra, *Linnæus*, Syst. nat. (éd. X), p. 766.
1758.
Turritella terebra, *Lamarck*, An. s. vert., VII, p. 56.
1822.

Vit dans le sable.

LITTORINIDÆ.

LITTORINA.

LITTORINA LITTOREA.

Turbo littoreus, *Linnæus*, Syst. nat. (éd. X), p. 761.
1758.
Littorina littorea, *Forbes* and *Hanley*, Brit. Moll., III,
p. 29, pl. LXXXIII, fig. 7-8. 1853.

Turbo littoreus, *Guidelou*, Coq. Granville, p. 144.
1858.

Tout le littoral.

LITTORINA RUDIS.

Turbo rudis, *Donovan*, Brit. shells, I, pl. xxxiii, fig. 3.
1804.
Littorina rudis, *Forbes* and *Hanley*, III, p. 32,
pl. lxxxiii, fig. 1-7. 1853.

LITTORINA OBTUSATA.

Turbo obtusatus, *Linnæus*, Syst. nat. (éd. X), p. 761.
1758.
Littorina obtusata, *Chenu*, Man. conch., I, p. 300,
fig. 2095. 1859.

Sur les rochers et les fucus.

LACUNA.

LACUNA DIVARICATA.

Trochus divaricatus, *Fabricius*, Faun. Groenl., p. 392.
1780.
Lacuna divaricata, *Jeffreys*, Brit. conch., III, p. 346.
1863.

Vit sur les hydrophytes.

LACUNA CANALIS.

Turbo canalis, *Montagu*, Test. Brit., p. 138. 1803.
Lacuna canalis, *Turton*, in Zoolog. Journ., III, p. 192.
1825.

Avec la précédente; très-rare.

LACUNA PUTEOLUS.

Turbo puteolus, *Turton*, Conch. dict., p. 193. 1819.
Lacuna puteolus, *Forbes* and *Hanley*, Brit. Moll., III,
 p. 58, pl. LXXII, fig. 7-9. 1853.

Avec les précédentes.

LACUNA PALLIDULA.

Nerita pallidula, *Da Costa*, Brit. conch., p. 54, tab. IV,
 fig. 45. 1778.
Lacuna pallidula, *Forbes* and *Hanley*, Brit. Moll.,
 III, p. 56, pl. LII, fig. 1-2. 1853.

RISSOIDÆ.

RISSOA.

RISSOA PARVA.

Turbo parvus, *Da Costa*, Brit. conch., p. 104. 1778.
Rissoa parva, *Gray*, in Proceed. zool. Lond., p. 116.
 1833.

Très-répandue.

BULLIDÆ.

BULLÆA.

BULLÆA APERTA.

Bullæa aperta, *Lamarck*, An. s. vert., VI, II, p. 30.
 1822.

Vit dans le sable, peu commune.

DORIDÆ.

DORIS.

DORIS TUBERCULATA.

Doris tuberculata, *Cuvier*, Mém. Moll. sur g. Doris,
p. 23, pl. ii, fig. 5.

Vit sous les pierres, parmi les rochers: espèce rare.

TROCHIDÆ.

PHASIANELLA.

PHASIANELLA PULLUS.

Turbo pullus, *Linnæus*. Syst. nat. (éd. X), p. 761.
1758.
Turbo pullus, *Taslé*, Cat. Moll. Morbihan, p. 62.
1867.

Vit sur les hydrophytes.

TROCHUS.

TROCHUS ZIZYPHINUS.

Trochus zizyphinus, *Linnæus*, Syst. nat. (éd. X), p. 759.
1758.

Espèce rare: vit parmi les rochers.

Varietas Lyonsii, *Jeffreys*, Brit. conch., III, p. 330.
1865.

Avec le type.

TROCHUS LINEATUS.

Turbo lineatus, *Da Costa*, Brit. conch., p. 100, tab. vi,
      fig. 7. 1778.
Trochus lineatus, *Guidelou*, Coq. Granville, p. 143.
      1858.

Vit sur les rochers, parmi les algues.

TROCHUS UMBILICATUS.

Natica umbilicata, *Montagu*, Test. Brit., p. 286. 1803.
Trochus umbilicatus, *Maton et Rackett*, Trans. linn.
      Lond., tab. VIII, p. 153. 1807.
Trochus umbilicatus, *Guidelou*, Coq. Granville, p. 144.
      1858.

Avec le précédent.

TROCHUS CINERARIUS.

Trochus cinerarius, *Linnæus*, Syst. nat. (éd. X), p. 758.
      1758.

Avec les précédents ; très-commun.

TROCHUS MAGUS.

Trochus magus, *Linnæus*, Syst. nat. (éd. X), p. 757.
      1758.
Trochus magus, *Guidelou*, Coq. Granville, p. 143.
      1858.

Tout le littoral.

HALIOTIDÆ.

HALIOTIS.

HALIOTIS TUBERCULATA.

Haliotis tuberculata, *Linnæus*, Syst. nat. (éd. X),
 p. 780. 1758.
Haliotis tuberculata, *Guidelou*, Coq. Granville, p. 146.
 1858.

Sur les rochers au large. Abondant aux îles Chaussey.

NATICIDÆ.

NATICA.

NATICA CATENA.

Cochlea catena, *Da Costa*, Brit. conch., p. 83, t. V,
 fig. 7. 1778.
Natica catena, *Jeffreys*, Brit. conch., IV, p. 220. 1867.

Vit dans le sable ; assez commune.
Cette espèce est plus connue dans les collections, sous
les noms de *Natica glaucina*, Pennant, et de *Natica
monilifera*, Lamarck.

VELUTINIDÆ.

LAMELLARIA.

LAMELLARIA PERSPICUA.

Helix perspicua, *Linnæus*, Syst. nat. (éd. X), p. 773.
 1758.

Lamellaria perspicua, *Alder*, Cat. Moll. Northumb. and
Durh., p. 70.

Sur les rochers.

CERITHIIDÆ.

CERITHIUM.

CERITHIUM RETICULATUM.

Strombiformis reticulatus, *Da Costa*, Conch. Brit.,
p. 117, pl. viii, fig. 3. 1778.
Cerithium reticulatum, *Forbes* and *Hanley*, Brit.
Moll., III, p. 192, pl. xci, fig. 1-2. 1853.

Sur les algues.

MURICIDÆ.

TROPHON.

TROPHON MURICATUS.

Murex muricatus, *Montagu*, Test. Brit., p. 262, tab. ix,
fig. 2. 1803.
Trophon muricatus, *Forbes* and *Hanley*, Brit. Moll., III,
p. 439, pl. cxi, fig. 3-4. 1853.

MUREX.

MUREX ERINACEUS.

Murex erinaceus, *Linnæus*, Syst. nat. (éd. X), p. 748.
1758.

Murex erinaceus, *Guidelou*, Coq. Granville, p. 143.
1838.

Sur la plage et sur les rochers; espèce abondante.

PLEUROTOMIDÆ.

DEFRANCIA.

DEFRANCIA PURPUREA.

Murex purpureus, *Montagu*, Test. Brit., p. 260, tab. ix,
fig. 3. 1803.
Defrancia purpurea, *Jeffreys*, Brit. conch., IV, p. 372.
1867.

Parmi les plantes marines; peu commune.

PLEUROTOMA.

PLEUROTOMA STRIOLATUM.

Pleurotoma striolatum, *Philippi*, En. Moll. Sic., II,
p. 168, pl. xxvi, fig. 7. 1844.

Dans le sable. Cette espèce méditerranéenne est in-
diquée par M. Jeffreys sur les côtes de l'Écosse, de
l'Angleterre et de l'île de Guernesey. M. Cailliaud l'a
recueillie dans la Loire-Inférieure.

BUCCINIDÆ.

BUCCINUM.

BUCCINUM UNDATUM.

Buccinum undatum, *Linnæus*. Syst. nat. (éd. XII),
p. 1204. 1767.

Sur la plage.

NASSA.

NASSA RETICULATA.

Buccinum reticulatum, *Linnæus*. Syst. nat. (éd. X),
p. 740. 1758.
Nassa reticulata, *Fleming*. Brit. anim., p. 340. 1828.

Sur toute la plage.

NASSA INCRASSATA.

Buccinum incrassatum, *Müller*. Prod. zool. Dan., p. 244.
1776.
Nassa incrassata, *Fleming*. Brit. anim., p. 340 (non var.).
1828.

Avec la précédente.

NASSA PYGMÆA.

Ranella pygmæa, *Lamarck*. An. s. vert., V, p. 154.
1818.
Nassa pygmæa, *Forbes* and *Hanley*. Brit. Moll., III,
p. 394, pl. cviii, fig. 5-6. 1853.

Avec la précédente.

PURPURA.

PURPURA LAPILLUS.

Buccinum lapillus, *Linnæus*, Syst. nat. (éd. X), p. 739.
1758.
Purpura lapillus, *Lamarck*, An. s. vert., VII, p. 244.
1822.

Commun avec les précédents.

EXTRAIT DES ANNALES DE MALACOLOGIE.

Avril et Juin 1870.

Paris. — Imprimerie de Mme Ve Bouchard-Huzard, rue de l'Éperon, 5.